大地的馈赠

宁夏矿产资源60问

宁夏回族自治区地质博物馆 · 编

黄河出版传媒集团
阳光出版社

图书在版编目（CIP）数据

大地的馈赠：宁夏矿产资源 60 问 / 宁夏回族自治区
地质博物馆编 .－－ 银川：阳光出版社，2020.12
　　ISBN 978-7-5525-5718-3

Ⅰ.①大… Ⅱ.①宁… Ⅲ.①矿产资源－宁夏－问题
解答 Ⅳ.① P617.243-44

中国版本图书馆 CIP 数据核字（2020）第 255890 号

大地的馈赠——宁夏矿产资源 60 问　　宁夏回族自治区地质博物馆　编

责任编辑　申　佳
封面设计　晨　皓
责任印制　岳建宁

黄河出版传媒集团
阳光出版社　出版发行

出 版 人　薛文斌
地　　址　宁夏银川市北京东路 139 号出版大厦（750001）
网　　址　http://www.ygchbs.com
网上书店　http://shop129132959.taobao.com
电子信箱　yangguangchubanshe@163.com
邮购电话　0951－5014139
经　　销　全国新华书店
印刷装订　宁夏凤鸣彩印广告有限公司
印刷委托书号　（宁）0019052

开　　本　787 mm×1092 mm　1/16
印　　张　7.75
字　　数　120 千字
版　　次　2020 年 12 月第 1 版
印　　次　2020 年 12 月第 1 次印刷
书　　号　ISBN 978-7-5525-5718-3
定　　价　88.00 元

前　言

　　矿产资源是经济社会发展的重要物质基础。对矿产资源的勘查、开发利用也是地质学应用的重要内容。人类的发展历史就是矿产资源开发和利用的历史。时至今日，矿产资源仍然是宁夏经济发展的主要动力因素之一。

　　经过几代地质人的不懈努力，截至目前，在宁夏6.64万平方千米的土地上，已经发现能源、金属、非金属、水气4大类42种矿产（不含亚种）。可以说，宁夏的矿产资源在大类上是全面的，但不同种类的矿产在分布和储量方面又极不均衡。已经查明的矿产种类和矿产地多是能源（以煤炭为主）和非金属矿产资源。这些优势矿种的探明储量，有些在全国都排在前列，如冶金用石英岩排第一位，石膏排第三位，煤排第八位。非常可惜的是宁夏的金属矿产资源非常短缺，已经发现的10种金属矿产，除了镁，没有一种在储量和质量上能够满足工业规模化的开发利用，综合价值低下。

　　宁夏地质科技工作者在60多年的地质找矿实践中，为国家提交了大量的矿产资源勘查评价和储量报告，并编辑、出版了《中国矿产发现史·宁夏卷》《宁夏综合矿产地质概论》《宁夏重要矿种矿产资源潜力评价》《中国矿产地质志·宁夏卷》等多部矿产资源方面的专业图书。这些成果为国家经济发展战略布局和专业人员深入研究提供了科学依据。

遗憾的是，一般社会公众很难读懂和充分理解这些科学严谨、枯燥深奥的学术专著和报告，这就需要我们科普工作者将学术性专业理论成果转化成简明通俗的科普读物。本书用"一问一答"的形式，以"什么是矿产资源"开篇，用准确、通俗的语言，结合手绘插图、实物照片，介绍宁夏重要矿产资源的种类、分布、用途、开发利用历史等内容，让广大读者了解宁夏主要的矿产资源概况。

本书写作的另一个重要目的是宣传"矿产资源不是上帝的恩赐"，而是"经亿万年地质作用形成的不可再生自然资源"，提醒人们对习以为常的生活方式以及过度消费进行深层次反思，引导人们树立绿色的、面向未来的、可持续发展的理念，珍惜大自然的馈赠。

《大地的馈赠——宁夏矿产资源60问》一书，自2019年3月开始编写，历时1年10个月，于2020年年底正式出版。本书在编辑过程中得到了宁夏地质博物馆全体员工的大力支持和帮助，在此表示衷心的感谢。

由于编者水平有限，书中有不足之处在所难免，欢迎广大专家、读者提出宝贵意见。

2020年12月

目 录

大地的馈赠
宁夏矿产资源60问

什么是
矿产资源？

矿产资源是指由地质作用形成的，具有利用价值的，呈固态、液态或气态的自然资源。

当你按下电灯按钮、打开空调时，当你驾驶汽车、踏上火车、乘坐飞机时，当你拨通手机、启动电脑、观赏电视节目时，矿产资源无时无刻不在你身边，孜孜不倦地为你服务。矿产资源给你带来光明、温暖、便捷的生活和无限的欢乐。

现代工业、农业和社会经济的发展，都要以利用大量的矿物原料为基础。在世界上，95％以上的能源、80％以上的工业原材料、70％以上的农业生产资料来自矿产资源。可以说，我们生产、生活的方方面面都离不开矿产资源。

矿产资源不是上帝的恩赐，而是要经过几百、上千万年甚至上亿年的地质作用才能形成的珍贵的、不可再生的自然资源。

我们在认识、开发利用矿产资源的同时，也要珍惜、节约它们，不可做涸泽而渔的事情，要树立绿色的、可持续发展的理念，与大自然和谐相处。

人类利用矿产资源的历史还要从远古先民说起。在旧石器时代，人们就打制石器作为采集食物、抵御猛兽的工具，并且还能将石头加工成各种各样的装饰品。到了新石器时代晚期，中国北方的人们已经开始使用红铜器。

随着铜的出现，人类对矿产的开发利用达到了新的水平。夏朝，红铜的利用开始向青铜器过渡。到了商、周两朝，进入鼎盛的青铜时代。工匠们把青铜溶体灌在雕有花纹的范里，铸造成各种各样的鼎、爵等器具以及戈、矛等武器。

到了春秋战国时期，坚硬而锋利的铁锄、铁斧等代替了青铜工具，人类开始进入了铁器时代。那时人类就会用木炭做冶炼的燃料，用皮囊鼓风提高炉温，冶炼生铁。

　　在先秦时期，除了开发某些非金属矿产外，对铜、铁、银、锡等金属矿产也进行了不同程度地开发。汉代，云南等地盛采锡、铅、银、金、铁矿，四川已能用天然气煮盐。唐宋时期，金、银、铜、铁、锡的采冶更盛。到了明清时期，金属矿产的产量和规模日渐庞大。

　　发现、认识和开发利用矿产，推动了社会历史的发展和人类文明的进步。1764年，英国的瓦特发明了蒸汽机，拉开了工业文明的序幕，而"黑色的金子"——煤炭成为工业的粮食。1859年，德雷克在美国钻出了第一口油井，人类又发现了一种更便于运输的能源——石油，开启了工业文明的石油时代。人类总是在矿产的利用上不断推陈出新。铀和硅的利用，又进一步带来了现代核能、电子和尖端科学的突飞猛进。

　　可以说，人类的文明史，就是矿产资源的利用史。

矿产资源的种类有多少？

矿产资源分类是对经过地质矿产勘查工作发现并探明矿产储量矿种的确认。目前，我国共有173个矿种，按照用途可分为4类，其中能源矿产13种、金属矿产59种、非金属矿产95种、水气矿产6种。宁夏已发现63个矿种（含亚种21种），其中能源矿产8种、金属矿产10种、非金属矿产43种（含亚种21种）、水气矿产2种。

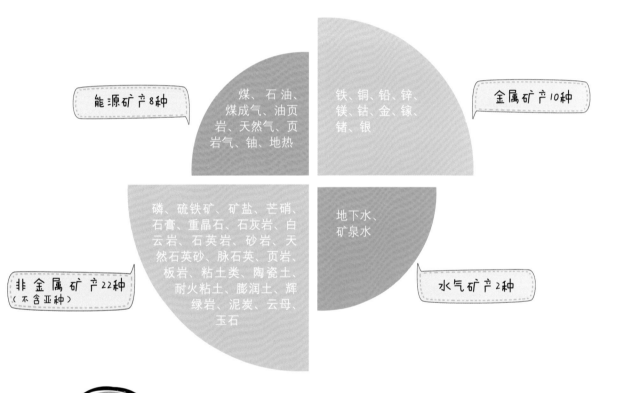

能源矿产8种：煤、石油、煤成气、油页岩、天然气、页岩气、铀、地热

金属矿产10种：铁、铜、铅、锌、镁、钴、金、镓、锗、银

非金属矿产22种（不含亚种）：磷、硫铁矿、矿盐、芒硝、石膏、重晶石、石灰岩、白云岩、石英岩、砂岩、天然石英砂、脉石英、页岩、板岩、粘土类、陶瓷土、耐火粘土、膨润土、辉绿岩、泥炭、云母、玉石

水气矿产2种：地下水、矿泉水

拓展知识

能源矿产指赋存于地表或地下的，由地质作用形成的，呈固态、气态和液态的，具有提供现实意义或潜在意义能源价值的天然富集物。

金属矿产指能供工业上提取某种金属元素的矿产资源。

非金属矿产指能供工业上提取某种非金属元素，以及直接利用矿物或矿物集合体的某种化学的、物理的或工艺性质的矿产资源。

水气矿产指蕴含某种水、气并经过开发可被人们利用的矿产。

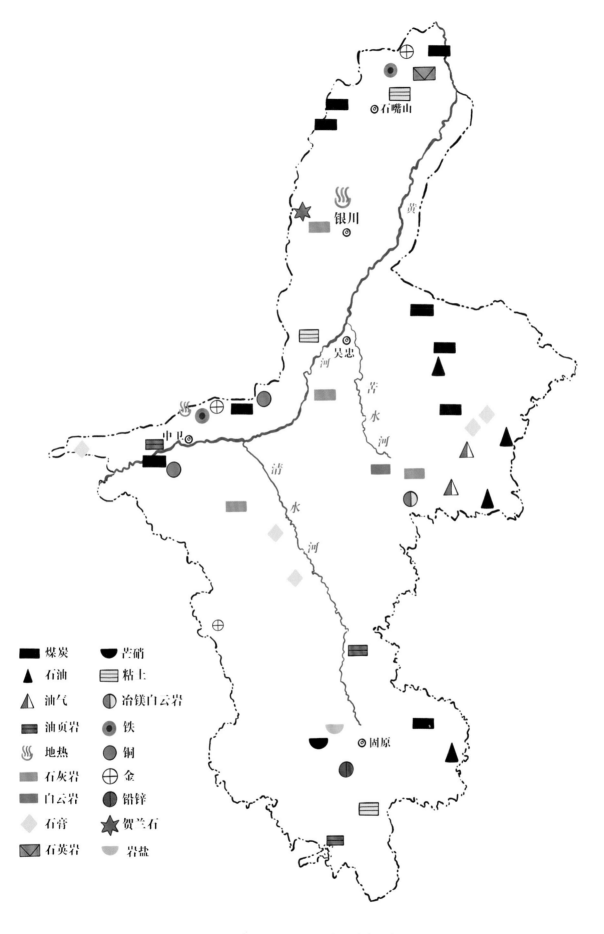

图例：

煤炭　芒硝
石油　粘土
油气　冶镁白云岩
油页岩　铁
地热　铜
石灰岩　金
白云岩　铅锌
石膏　贺兰石
石英岩　岩盐

宁夏主要矿产资源分布示意图

欢迎来到宁夏地质博物馆矿产资源厅，这里将详细介绍宁夏的矿产资源情况。宁夏矿产资源有这样几个特点：

第一是大类全。宁夏虽然地域面积较小，但矿产资源种类全面，能源、金属、非金属、水气4大类矿产均有发现。

第二是小类偏。虽然4大类矿产都有，但分布不均衡。宁夏已查

我一直有个疑问，宁夏国土面积很小，矿产资源种类也很少吧？

我们在宁夏地质博物馆能找到答案。

明的矿产种类和矿产地多为能源与非金属矿产资源，金属矿产资源非常少。有些矿种种类全、储量大、质量好，有些却质差量少。例如煤在宁夏储量大、种类多，在无烟煤、烟煤等14个煤种中，宁夏有10种，但其他能源矿产都不丰富。此外，非金属矿产也是宁夏的优势矿产，石膏、石灰岩、石英岩类矿物（硅石矿）、粘土岩类矿物和盐（岩盐、湖盐）等都是宁夏的优势矿产。宁夏矿产资源储量在全国排名位居前列的主要有，煤排第八位，冶镁白云岩排第三位，冶金用石英岩排第一位，石膏排第三位。

第三是金属缺。宁夏最缺的是金属矿产。经过宁夏三代地质工作者的努力，虽然在宁夏发现了铁、铜、铅、锌、镁、钴、金、银、镓、锗10种金属矿产，被称为"十朵金花"，但是除了镁（冶镁白云岩），其他的规模储量都很小，基本没有大的工业利用价值。

第四是分布密。

在空间上，宁夏中部、北部矿产资源分布比较集中，南部较少。贺兰山中段、北段，卫宁北山，青龙山等矿床、矿点密集分布。

矿种分布区域相对集中。无烟煤、炼焦用煤、石英岩类主要分布在贺兰山北段；非炼焦用煤、石油（天然气）主要分布在灵武市、盐池县一带；石膏主要分布在海原县东北部和盐池县中部南北一线、中卫市西部；石灰岩分布最广，但主要集中在贺兰山中段、牛首山、米钵山、青龙山等地；白云岩主要集中在青龙山、贺兰山中段；天然石英砂主要分布在青铜峡市和原州区；内生金属及非金属矿产主要分布在卫宁北山、西华山。

在时间上，以中生代以前形成的矿产为主，中新生代以后形成的矿产较少。

成因类型上，以外生沉积型矿产为主，内生矿产较少。

现在说起煤炭的形成，或许不再是一个复杂的问题，但是在古代中国，对煤炭的形成却有很多脑洞大开的想法。汉代认为煤炭是"天火劫烧之灰"，唐代把煤炭看作"天火烧石而成"，更有"神仙种煤""老君赐煤""黑龙入地变化成煤"的神话传说。

煤炭是地史时期堆积的植物遗体，经过复杂的生物化学作用，埋藏后又受到地质作用转变而成的一种固体可燃矿产。煤炭形成的第一个阶段就是泥炭化。大量的植物死亡后不断堆积，形成泥炭或腐泥，这个是生物化学作用。第二个阶段就是煤化阶段。由于地壳运动，泥炭被埋入地下，在顶板沉积物的压力作用下，发生了压紧、失水、胶体老化、固结等一系列变化，泥炭化学成分发生了缓慢的变化，变成了比重较大、较致密的褐煤。当褐煤层继续沉降到较深处时，受到不断增高的温度和压力的影响，引起煤内部结构、物理化学性质的重大变化，如碳含量增高、挥发分减少、光泽增强等，褐煤进一步变成烟煤、无烟煤。

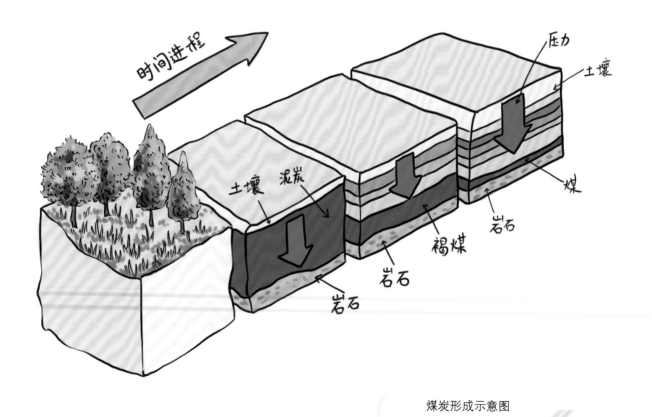

煤炭形成示意图

有哪些证据表明煤炭就是植物形成的呢？人们在煤炭发现的地方普遍发现了大量的植物化石，煤层中也有炭化了的树干，在显微镜下，甚至能看到植物细胞，这些无疑证明了煤炭是植物形成。

传说故事

天火劫烧之灰

据《搜神记》记载，在公元前119年，为了练习水战，汉武帝在长安开凿了昆明池。昆明池挖得非常深，挖出的"土"都像黑灰一样，没有正常的土。满朝大臣都不明白，就去问东方朔是否了解这件事。东方朔回答道："我太愚钝了，不知道这件事，可以去问问西域的人。"汉武帝认为连如此博学的东方朔都不知道，其他人就更不知道了。

到了东汉明帝时，有西域僧人来到洛阳。有人想起东方朔的话，就去问这个僧人武帝时挖出黑灰的事情。

僧人答道："佛经上讲，天地大劫将要结束时，有劫火开始焚烧，这黑灰是劫火焚烧留下的灰烬。"

王国维《咏史二十首》中这样描述：

汉凿昆池始见煤，当年赀力信雄哉！
于今莫笑胡僧妄，本是洪荒劫后灰。

煤炭有"肥瘦"之分吗?

俗话说"龙生九子各有不同",黑乎乎的煤炭也是如此。煤炭按照煤化程度,从低到高可分为褐煤、烟煤和无烟煤3类。肥煤和瘦煤就是烟煤家族的成员。

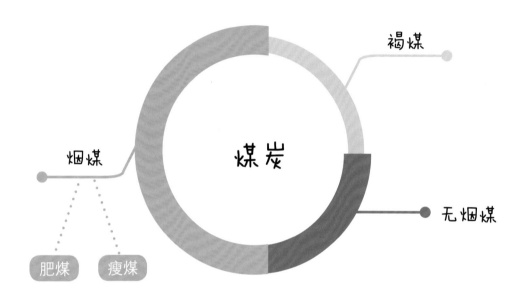

肥煤是变质程度中等的烟煤,单独炼焦时膨胀压力大,出焦困难,但是由于黏结性较高,经常和黏结性较弱的煤炭混合使用,用来炼焦。瘦煤的变质程度比肥煤高,黏结性比肥煤弱,和其他煤炭搭配使用可以提高焦炭的块度,减少焦炭的裂纹,也可作民用、动力燃料。当然除了肥煤和瘦煤,烟煤家族还有长焰煤、不粘煤、弱粘煤、1/2中粘煤、气煤、气肥煤、1/3焦煤、焦煤、贫瘦煤、贫煤10个成员。

为什么要进行煤炭分类呢？这些煤炭各有本领，只有制定合理的工业分类方案，才能更好地了解它们，指导炼焦配煤的比例，有计划地对煤炭资源进行评价、开采和利用，为人类经济社会服务。

合成材料

筑路材料

7

煤炭有哪些用途？

煤炭只能用于
取暖吗？

　　煤炭的用途十分广泛。在中国古代，人们就开始使用煤炭了。但
是说到煤炭最早的用途，可能会令大家大吃一惊。古人最早使用煤炭，
不是用于取暖，而是制成各式各样的精美器物。沈阳新乐遗址出土了
大量煤精制品，是目前发现的人类最早使用煤炭的遗存。明朝医学家
李时珍在《本草纲目》中记载煤炭可以被制成"画眉石"。

电极

医药

杀虫剂

染料

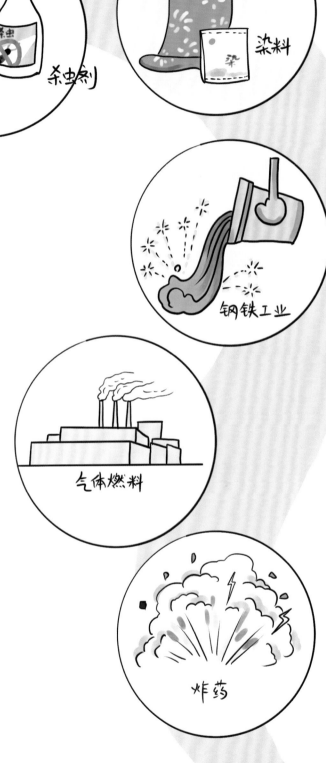

钢铁工业

气体燃料

炸药

　　随着社会的发展，人类对煤炭的利用早已与从前不同。煤炭被称为"工业的粮食"，在能源化工等行业发挥着重要的作用。大家耳熟能详的蒸汽机就是用煤炭做燃料的。煤炭还可以用来发电。燃烧剩余的煤矸石和残渣还可以用作建筑材料。除了作为动力用煤，煤化工产品更是极大地丰富了煤炭的用途。煤化工产物可以用于能源、化肥、炸药、染料、医药、农药、合成材料等多个行业和领域。

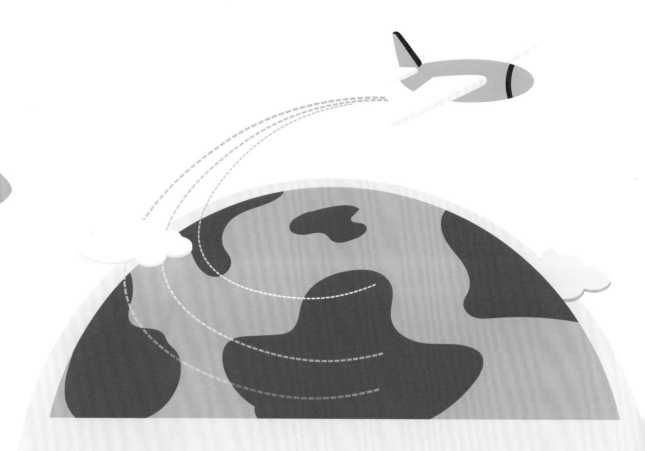

煤炭能变成石油吗？

答案是肯定的！煤制油是以煤炭为原料，通过化学加工过程，生产油品和石油化工产品的一项技术。1913年，德国化学家弗里德里希·柏吉乌斯（Friedich Bergius）研究出煤炭在高温高压条件下加氢液化反应，生成燃料的煤炭直接液化技术，并获得世界上第一个煤直接液化的专利，并获得1931年的诺贝尔化学奖。第二次世界大战期间，德国近2/3的飞机燃料和50％的汽车及装甲车用油，都由煤制油供应，产量远高于天然石油。

宁夏宁东煤化工基地

　　虽然煤制油技术不断发展和成熟，但也受到经济、环境等因素的制约。如果煤炭价格过高、石油价格过低，煤制油项目就会亏本。另外，我国煤炭富集的省份主要在中西部地区，但煤制油耗水量很大，4吨多的煤可产出1吨油，需要消耗近10吨水。

　　我国的能源煤炭多、石油少，石油需要大量进口。所以为了保证能源安全，煤制油就成为我国能源战略的重要趋势。在宁夏的宁东能源化工基地，有世界上单产规模最大的煤制油项目。

煤精是煤炭吗？

煤精是褐煤的一个变种，是一种光泽强、致密体轻、坚韧耐磨的有机岩石。

在欧洲石器时代和北美印第安人部落的遗存中都发现了煤精制品。古罗马时代，煤精就是最流行的"黑宝石"之一。因其色泽黝黑、凝重，在19世纪的英国维多利亚时代，煤精常被用来制成治丧珠宝，象征悲痛和懊悔，悼念亡者。

在中国，煤精也是所有出土文物中年代最久远的玉石品种之一。在距今7200~6800年的沈阳新乐文化遗址中，发现了磨制的煤精饰物。煤精是中国传统的雕刻工艺品原材料之一，其质地细密坚韧，适宜雕刻成各种工艺品。从装饰品到实用品，品种繁多，如文房四宝、烟具、配饰等，艺术风格独特。我国辽宁抚顺的煤精雕刻工艺品在世界上享有盛名，出产的飞禽走兽、花鸟鱼虫栩栩如生，堪称一绝。

煤精工艺品

用"小身材蕴藏大能量"来形容宁夏煤炭的丰富再合适不过了。宁夏地域面积仅6.64万平方千米，却有1/4的地区都产煤炭。

为什么宁夏这么小的国土面积却有如此丰富的煤炭呢？

这还得从宁夏大地的前世说起。石炭纪至二叠纪，宁夏还未彻底告别海洋，但因海水不深、时进时退，形成了海陆交互的地理环境。这种环境容易形成沼泽。植物死亡后被掩埋在沼泽中，形成了泥炭沼，为形成煤炭提供了良好的条件。当然除了环境适宜外，有大量的植物也是非常重要的。已发现的植物化石证明，石炭纪植物种类丰富，有鳞木、科达、楔叶、芦木、羊齿等。这些植物在气候温暖湿润、雨水充沛的环境中茁壮成长，为煤炭的形成提供了丰富的物质基础。正因为具备了特殊地质、植物、气候条件，才形成了今天我们看到的这么多煤炭。宁夏中卫、石嘴山等地的煤炭就是在这个时期形成的。

贺兰山石炭纪钝肋芦木

中卫红泉乡石炭纪长舌栉羊齿（相似种）

到了侏罗纪，宁夏大地迎来了煤炭形成的又一个高峰。此时，海水已经退出了宁夏大地，取而代之的是广布的湖泊。宁夏大部分煤炭资源，包括宁东煤田、贺兰山汝箕沟煤田等都是在这个时期形成的。

太西煤是指产于石嘴山市汝箕沟等矿区的无烟煤，因产于山西太原以西而得名，有"煤中之王"的美誉。

无烟煤本不稀奇，我国拥有大量无烟煤，但这些无烟煤含灰量普遍在15%~30%，含硫量普遍在0.5%~4%，而太西煤含灰量只有5%~10%，含硫量只有0.1~0.3%，一般的无烟煤即使进行洗选，也未必能达到太西煤的指标。太西煤经过专业工艺加工，可用于特殊化工用途，这是其他无烟煤无法做到的。

那为什么太西煤如此与众不同？这与它的身世有着密切的关系。前面我们说过，无烟煤是变质程度最高的煤炭，按一般规律，它所处的侏罗纪时期，成煤期比较短，煤炭变质程度低，不利于形成无烟煤，但太西煤的经历十分特殊。晚三叠世末，贺

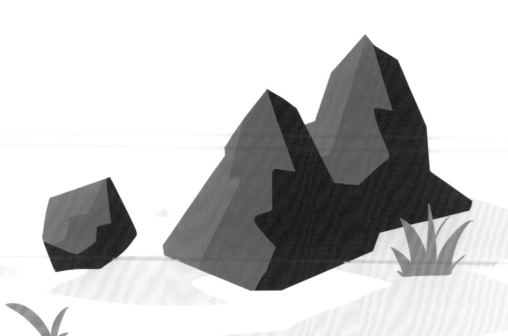

重达九吨的太西煤标本（收藏于宁夏地质博物馆）

兰山北段拉伸下陷，初期形成了一个火山盆地。盆地内发生玄武岩浆的喷溢活动，随后盆地继续发展成淡水湖泊—沼泽环境。当时森林繁盛，湖水清澈，泥沙等杂质较少，为太西煤低灰、低硫的特性提供了物质基础。在随后相当长的一段时间里，岩浆的活动造成这一地区的地下温度非常高，使太西煤发生高等级煤化作用，变为无烟煤。

宁夏回族自治区人民政府在2005年发布《宁夏回族自治区太西煤资源保护办法》，对太西煤的保护实行"统一规划、限量开采、综合利用"的原则，并且规定太西煤主要用于冶金、化工等行业，限制用太西煤做民用燃料。

宁夏煤炭的开发利用始于何时？

中国是世界上使用煤炭最早的国家。在中国新石器时代晚期和周朝的墓葬中曾发现用煤制成的工艺品。那么宁夏地区是从什么时代开始使用煤炭的呢？

　　现代考古证实，灵武市磁窑堡存在西夏（公元1038—1227年）至元朝时期的磁窑旧址。根据我国古代磁窑和煤窑共存的现象推断，这里有丰富的煤炭资源。灵武磁窑堡煤窑的开采应该始于西夏。据查，这里的古煤井斜长达400多米，可见当时的开采技术已相当成熟。至明嘉靖三年（公元1524年），《灵州志迹》记载在近磁窑堡一带山区出产煤炭。民国《朔方道志》记载在中卫下河沿地区出产煤炭，并且有煤炭燃烧现象（俗称"火焰山"）。现在，宁夏这些地方的煤炭仍在开采利用。

獐子报恩

相传很久以前，在山沟里的一个农民上山打柴时救了一头被猎人追捕的獐子。獐子为了报恩，便在山沟的坡上刨出了一个小洞，洞里全是乌黑亮晶的煤炭。此后，这位农民经常到那里取炭。洞口甚小，仅能容一个簸箕。有人问炭从何来，农民便顺口说"从入箕口"取之。汝（入）箕沟之名便由此而来。这虽然是个传说，但汝箕沟盛产无烟煤确是不争的事实。

石油的名称来自北宋科学家沈括。他在《梦溪笔谈》中写道："鄜、延境内有石油。旧说'高奴县出脂水'，即此也。"

虽然石油已经广泛应用于各个行业，但是石油的成因是一个极为复杂的问题，至今还存在一些争论。18世纪70年代以来，对油气成因的认识，基本上分为无机成油和有机成油两大学派。无机成因论认为，石油及天然气是在地下深处的高温、高压条件下由无机物变成的。有机成因论认为，石油及天然气是在地质历史上，由分散在沉积岩中的动物、植物有机体转化而成。

随着油气勘探的发展，有机成油理论逐渐得到大多数人的认可。不过有机成油理论也包括早期成因学说和晚期成因学说两种观点：前者认为有机质在成岩过程中，逐步转化为石油和天然气，并运移到邻近的储层中；后者则认为沉积物到较大深度后，到了成岩作用晚期或后生作用初期，沉积岩中的不溶有机质（干酪根）才开始发生热降解，生成大量液态石油和天然气。

有机成因

1 已发现的油气田, 99.9% 都分布在沉积岩中。

2 石油在地层时代的分布状况与煤、油页岩及有机质的分布状况相吻合, 表明它们的成因是有联系的。

3 油层温度很少超过100℃, 说明石油不可能在高温下形成。

4 石油的旋光性证明石油是在低温状态下, 由生物有机质形成的。

无机成因

① 在实验室, 用无机 C、H 元素合成了烃类。

② 在岩浆岩内发现过石油、沥青。

③ 在宇宙其他星球的大气层中, 也发现了碳氢化合物。

④ 在陨石中也发现了碳氢化合物及氨基酸等多达100多种。

为什么石油被称为工业的血液？

石油之所以被称为"工业的血液"，是因为我们的生活几乎离不开它。通过石油炼制的汽油、煤油、柴油，是汽车、飞机等的主要燃料。石油产品——沥青是被广泛使用的铺路材料。石油可生产出成百上千种化工产品，如塑料、合成纤维、合成橡胶、合成洗涤剂、染料、医药、农药、炸药和化肥等。石油及石油产品不仅是民生必需品，而且是现代化工业、农业、国防的重要物资。因此，为争夺石油而引发的战争时有发生。

我国是较早发现和使用石油的国家之一，据记载，已有2000多年的历史。在古代，我国石油主要用在照明、润滑剂、医药、军事、制墨等方面。近代石油工业始于1859年，美国人德雷克在宾夕法尼亚州钻成第一口具有现代工业意义的油井——德雷克井，这标志着近代石油工业的发端。

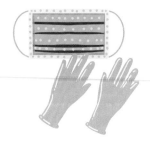

宁夏石油主要分布于灵武、盐池及彭阳地区，属于鄂尔多斯台地的西缘区域。大地构造位置跨越鄂尔多斯西缘早古生代裂陷带和鄂尔多斯中生代拗陷带两个构造单元。储油层位主要是三叠纪和侏罗纪地层。鄂尔多斯台地区域自三叠纪至白垩纪，一直为一个大型内陆盆地——鄂尔多斯盆地，是我国第二大沉积盆地。其天然气、煤成气、煤炭三种资源的探明储量均居全国首位，石油资源居全国第四位，因此有"聚宝盆"的美誉。

宁夏石油研究始于1957年，首次在灵武鸳鸯湖开钻勘探石油。1966年，在灵武马家滩打出了宁夏第一口自喷油井。1970年，宁夏石油规模开发拉开序幕，先后开发了马家滩、大水坑、红井

子、摆宴井、李庄子等油田。经过多年调查研究，在盐池、灵武、彭阳地区发现了多个中小型油田，但没有发现大型油田。

天然气为什么会有臭味？

这是因为人们在天然气中加入了一种加臭剂。将很低浓度的加臭剂加入燃气，使燃气有一种特殊的、令人不愉快的气味，以便在燃气泄漏时，能够被人们很快察觉。

现在国际上主要应用的天然气加臭剂是四氢噻吩（THT）。它是一种无色透明的油状液体，化学性质稳定，气味最接近煤气，存留时间长，燃烧后无残留，不污染环境。

宁夏使用的天然气是哪里来的？

宁夏中卫压气站是中国最大的天然气枢纽站，是国内天然气长输管道行业最大最重要的枢纽站场。半数以上的国产天然气从这里输送。目前，宁夏大部分用气都是西气东输的天然气，那么宁夏本土有天然气吗？

时间回到1969年，长庆油田采油三厂在灵武马家滩打出了宁夏第一口工业气井——刘庆1井，拉开了宁夏天然气勘探的序幕。其后，在1986年发现的天1井只出现过短暂的高产气流，始终未有大的突破。

沉睡于宁夏大地的丰富资源默默等待着。2019年，宁夏盐池县青山乡发现了一个千亿级立方的气田。2020年，中石化华北油气分公司在盐池又发现了具备开采条件的千亿方级的定北气田。宁夏已勘探发现的两个千亿方级气田，将改变宁夏天然气供应全部依靠输入的历史，宁夏也将由此跨入天然气生产省份行列。

为什么宁夏有
这么丰富的天然气
资源？

　　这主要与宁夏东部所处的构造位置有关。宁夏东部位于中生代鄂尔多斯盆地西北部，跨越鄂尔多斯西缘逆冲带和天环坳陷两个构造单元。燕山运动中期，该区受到强烈的挤压与剪切，形成了冲断构造带的基本格局，断裂与局部背斜以及断鼻构造发育，并成排成带分布，有利于油气的储集。

油页岩是油还是岩？

用通俗的话来讲，油页岩是可以制成石油的沉积岩。它主要是低等生物遗体及粘土物质在闭塞海湾或者湖泊环境下形成的，含油率一般大于3.5%。油页岩经低温干馏可得页岩油，类似天然石油，经过加工可生产出汽油、柴油、沥青等多种化工产品，是一种潜在的巨大能源。

辽宁油页岩（收藏于宁夏地质博物馆）

宁夏固原油页岩

　　宁夏的油页岩主要分布在固原炭山，泾源，中卫上、下河
沿地区。炭山的油页岩形成于鄂尔多斯湖盆的西部，形成年代
为中侏罗世。泾源的油页岩主要分布在六盘山南麓地区，形成
年代是早白垩世。上、下河沿的油页岩形成环境是滨海盆地，
年代为中、晚石炭世。

19

页岩气也是天然气，它的用途、成分和一般的常规天然气一样，只不过它被锁在富含有机质的泥页岩中的一个个小孔中，彼此隔离、不能流动，开采难度要比常规天然气大得多。有专家这么形容，开采常规天然气是在静脉血管中抽血，而开采页岩气如同直接从毛细血管中采血，其难度可想而知。简而言之，开采成本太高。直到20世纪70年代开始的美国页岩气革命，人们探索出包括水平井、多段压裂、清水压裂、重复压裂及最新的同步压裂等大幅度降低成本的页岩气开采技术，才真正实现了页岩气的规模化商业开发。

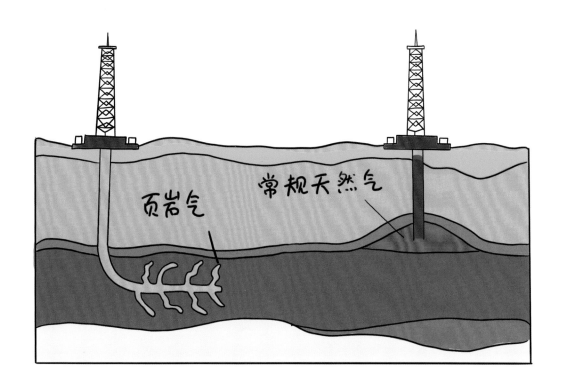

　　我国页岩气资源丰富。截至2012年，我国陆域页岩气地质资源潜力为134万亿立方米，可采资源潜力25.08万亿立方米（不含青藏地区）。自2009年我国首个页岩气开采项目启动以来，探矿区块不断增加，技术不断进步。2020年，我国有望实现页岩气年产量300亿立方米，成为继美国、加拿大之后第三个实现页岩气商业化开采的国家。

　　宁夏的页岩气资源因勘探开发程度比较低，没有详细的地质储量资料。作为最有潜力的三块片区，六盘山盆地页岩气勘探工作已经起步，而宁东和彭阳两处页岩气前景区的勘探调查工作尚未开展。据相关部门对上述三处资源潜力的分析，初步预测宁夏页岩气地质资源量为1300亿～2100亿立方米，平均资源量约为1700亿立方米。

煤成气为什么既可爱又可怕？

太好了，我家用上煤成气了，做饭又干净又快，再也不用烟熏火燎。

不好了，井下瓦斯爆炸了，救援队都去救人了。

　　煤成气也称煤矿瓦斯，与天然气的主要组成部分一样，都是甲烷，属非常规天然气。它是在煤的形成过程中产生的，主要游离于煤的天然孔隙中，少量溶解于煤层的地下水中，大量吸附在煤的颗粒表面，是煤的伴生矿产资源。

煤成气在开采煤矿时极易被释放，其浓度在矿井内达到5%~16%时会发生剧烈爆炸，因此被称为煤矿的第一杀手。为确保安全，需要用大功率风机将煤矿巷道内的煤成气排出，这样矿井才会安全。可是排出的煤成气又会对环境造成高度污染。煤成气的主要成分是甲烷，它的温室效应是二氧化碳的20多倍，对臭氧层的破坏能力是二氧化碳的7倍，会严重破坏生态环境。

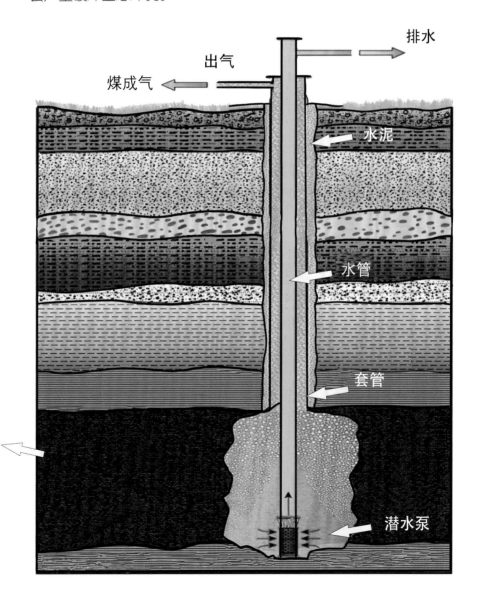

排水

出气

煤成气

水泥

水管

套管

煤层

潜水泵

经研究，1立方米煤成气的热值相当于1.26千克标准煤，其热值与天然气相当，是上好的发电、民用、化工、燃料能源。将煤成气作为一种清洁能源进行开发，即把为了安全生产而进行的被动抽排，转变为对煤成气的主动抽采，既解决了安全问题，又实现了煤成气资源的经济价值。

我国煤成气资源丰富。据统计，在埋深2000米以浅煤层气地质资源量约36.8万亿立方米，极具开采价值。作为煤炭资源大省的宁夏，从1995年开始对煤层气进行勘查、研究，初步测算出宁夏含气总面积6550平方千米，地下蕴藏的煤层气可达6718亿立方米。石炭井、汝箕沟、韦州和盐池等地是重点含气区。

瓦斯爆炸

　　地热，顾名思义，就是存在于地球内部的热量。地球是一个巨大的热库，据估计，仅地球表面每年通过热传导扩散到空间的热量，就相当于现代人类每年消耗总能量的10倍以上。中国拥有丰富地热资源，而且利用地热资源历史悠久。东汉张恒记载可利用温泉治病。

　　1988年，在中卫市黄石坡沟首次发现地热水，但现在已不存在。目前，调查研究表明，宁夏地热主要分布在银川平原地区，热储层厚度大、水温高、水量稳定。宁夏南部地热资源相对贫瘠，深大断裂集中发育，构造复杂，贫水。地热的存在与深部含水层密切相关。宁夏地热主要为深部水热型地热资源。

宁夏温泉度假村

　　地热资源作为一种清洁能源，主要用于发电、采暖、工业及农副业生产、医疗洗浴、地源热泵和提取矿物原料等方面。目前，宁夏地热资源主要用于洗浴，也就是我们常说的泡温泉。

　　浅层地温能，是指在地表水或地表以下，一般为恒温带 −200米的深度范围内，蕴藏于岩土体和地下水中，温度低于25摄氏度，具有开发利用价值的热能。浅层地温能是深层地热能与太阳能共同作用的产物，是一种广义的地热资源。

　　浅层地温能分布广泛、储量巨大、清洁环保、开发技术成熟，在我国城镇地区正逐步应用于供暖、制冷及供应生活热水。

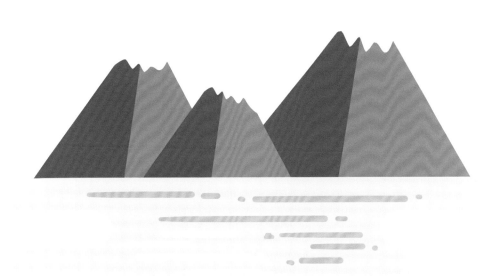

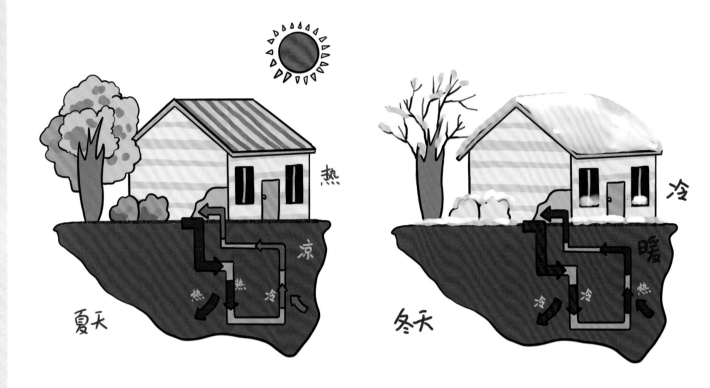

热

凉

热　冷

夏天

冷

暖

冷　冷　热

冬天

浅层地温能地下水源热泵系统

　　浅层地温能的利用主要是通过地源热泵系统实现的，利用井孔开采地下水，冬灌夏用，夏灌冬用。夏天可提取冷量用于降温，将热量储存于地下，冬天则提取热量用于供暖，将冷量储存于地下，从而实现同地层冷、热源交换和反季节储能，达到能量循环利用，节能减排的效果。

　　宁夏回族自治区地学数据中心实验楼就是利用浅层地温能的建筑，2017年建成，为一座高舒适度、低能耗、健康、绿色、环保的建筑，是宁夏地温能清洁能源利用技术的示范性工程。该建筑位于银川市郊，不具备燃气、燃油、电力等常规供暖的基本条件。因此，采用了浅层地温能地源热泵系统来实现供暖和制冷。

滴水确实可以穿石。那么如果水量高达亿万吨,持续冲刷大地亿万年,会是怎样的一番景象呢?喀斯特地貌便是对这一景象最好的展示。水对可溶岩石,主要是石灰岩进行改造后形成的地貌,被称为喀斯特地貌,也称岩溶地貌。

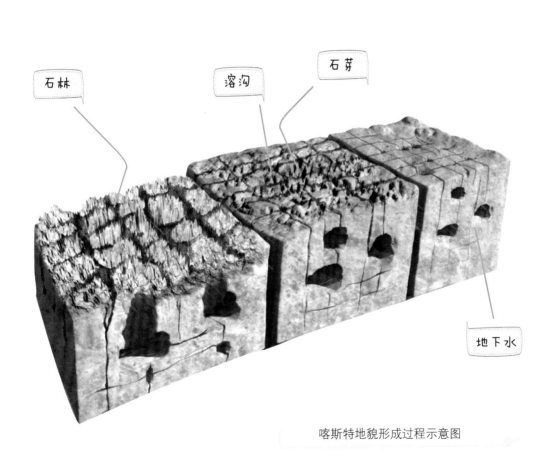

石林　　　溶沟　　　石芽　　　地下水

喀斯特地貌形成过程示意图

为什么石灰岩地区易形成喀斯特地貌呢？这与石灰岩的性质有关。石灰岩是湖泊与海洋中沉积的碳酸钙失去水分、紧压胶结而形成的岩石，主要矿物成分是方解石，主要化学成分是碳酸钙（$CaCO_3$），颜色为灰色或灰白色，岩石本身较软但韧性较高，小刀划过可留下痕迹，对机械侵蚀和物理风化的抵抗力较强。化学性质较活泼，易溶于酸，易溶蚀，煅烧易分解，失去二氧化碳生成氧化钙。这些特性使它拥有广泛的工业用途。

　　总之，喀斯特地貌就是石灰岩地区长期遭受含有酸性的水的溶蚀，使岩石受到侵蚀而最终形成的。

石灰岩可以吃吗?

石灰岩是不能直接吃的，但可以利用它所含的碳酸钙制成补钙剂，也可以用作食品添加剂等。

石灰岩所含的碳酸钙因含钙量高、价格低、无副作用等，被制成使用非常广泛的钙补充剂，为需要补钙的人群所食用。此外，碳酸钙因无毒无害的特性，在食品行业中被广泛用作添加剂、固化剂、发酵剂、膨松剂、增白剂等。

当然，在制造行业，石灰岩的用途更加广泛。水泥、玻璃、陶瓷、塑料、橡胶、涂料、纸张等的制造原料中，都有石灰岩的身影。

事实上，人类从很久以前就开始使用石灰岩了。石灰是应用最早的胶凝材料，古希腊人在公元前8世纪已在建筑中使用石灰。我国在公元前7世纪开始使用石灰。从仰韶文化的半穴居建筑，到龙山文化的木骨泥墙建筑，从夏商周时期的宫室和高台建筑、秦汉时期的砖瓦建筑、明清时期的紫禁城，到近代的建筑等，石灰一直都是其中不可或缺的建筑材料。

宁夏人民也在很早以前就开始使用石灰粉饰墙面，用石灰黏结砖石构筑墙体。

　　宁夏石灰岩储量大、质量优、厚度大、易开采，主要分布在六盘山、云雾山、天景山、牛首山、青龙山、卫宁北山、贺兰山等地。

　　石灰岩主要是在浅海环境中形成的。含钙离子的陆源碎屑物随搬运介质搬运至滨浅海地区，大量钙离子被溶解在海水中，同时由于浅海温暖、潮湿的环境适宜海洋生物生长，生物死亡后又分解出大量钙离子，急剧增加的钙离子破坏了海水平衡，为了达到新的平衡，大量钙离子与碳酸根离子结合生成碳酸钙并沉淀下来，经成岩作用形成了石灰岩。按其成因，可分为生物沉积、化学沉积和次生3种类型。

　　宁夏石灰岩均为化学沉积型。

听说隔壁山上有大批石头被谋杀了。真的，我亲眼看到的，每一块石头上面都有很多刀伤，有的简直被砍得不成样子。

石头怎么会被谋杀？简直是前所未闻！

白云岩刀砍纹

　　这种被"谋杀"的石头叫白云岩，它的主要组分是白云石，化学
分子式为 $CaMg(CO_3)_2$，常混入石英、长石、方解石和粘土矿物，
颜色多为灰白色、灰褐色等。

　　白云岩表面常见纵横交错的裂痕，很像被刀砍过，因此称之为刀
砍纹。一般认为方解石比白云石更容易受风化作用影响，风、水等外
动力地质作用把方解石带走，最终经差异风化形成刀砍纹。刀砍纹是
野外区别白云岩与石灰岩的一个重要特征。

在畜禽饲料中添加适量的白云岩粉，可以促进动物生长发育，减少动物疾病。

白云岩在农业上可作为土壤改良剂。将白云岩粉与尿素混合使用，可以使肥效得到充分利用，从而提高农作物产量。此外，白云岩对酸性土壤也具有调节作用。

白云岩还可以应用于耐火材料、炼镁工业、镁化合物、玻璃、陶瓷、涂料、园林装饰等。

早在20世纪60年代，宁夏就开始开展白云岩资源野外调查工作。1973年，宁夏以白云岩和磷块岩为主要原料，采用高炉法试制钙镁磷肥，取得了较好的成效。

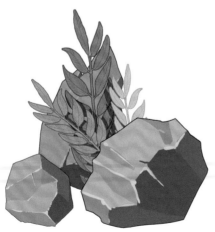

我吃了有白云岩粉的饲料，
会不会长得比房子都大呢？

宁夏的白云岩分布在哪里？

宁夏白云岩矿产资源丰富，主要分布在青龙山、贺兰山。白云岩的形成有不同的原因。部分白云岩形成于气候炎热干旱、海水盐度较高的环境，通过化学沉淀或微生物的生物化学沉淀而形成。大部分白云岩是 $CaCO_3$ 沉积物在成岩过程中被富含镁质的海水作用后，方解石被白云石交代置换而形成。

拓展知识

成岩作用：用来描述沉积物转变为沉积岩的形成作用。

交代置换：变质过程中，围岩与侵入体发生物质交换，带入某些新的化学组分，带出一些原有的化学组分，从而使岩石的化学组成和矿物组成发生变化，形成新岩石。

说起粘土，它的利用历史可以追溯到几千年前。在宁夏的水洞沟遗址，出土了大量4000年前人类烧制的陶器。人类利用粘土的历史可谓十分久远。

那么，粘土是一种矿物吗？其实我们说的粘土矿物是个大家族，是一大类矿物的统称，是指含水层状—链状的铝硅酸盐，包含高岭石族、蒙脱石族、伊利石族、蛭石族等矿物。这类矿物的晶体结构中存在不同类型的水分子，正是这些水分子使粘土矿物在不同温度和水分条件下，产生了膨胀性、触变性、可塑性、黏性和凝聚性等不同工艺性能。这也是粘土可以烧制陶瓷、制作砖瓦建材的原因。

一般情况下，粘土是由坚硬的岩石经长年风化而形成的，多在原地风化。颗粒较大且成分接近原来石块的，称为原生粘土或一次粘土。这种粘土的成分主要为氧化硅与氧化铝，色白而耐火，为配制瓷土的主要原料。

粘土继续风化，再经流水及风力迁移，在下游形成一层厚厚的粘土，称为次生粘土或二次粘土。这种粘土因被污染，含金属氧化物较多，色深且耐火度较低。因黏性及可塑性佳，为配制陶土的主要原料。

粘土和粘土岩的用途很广泛

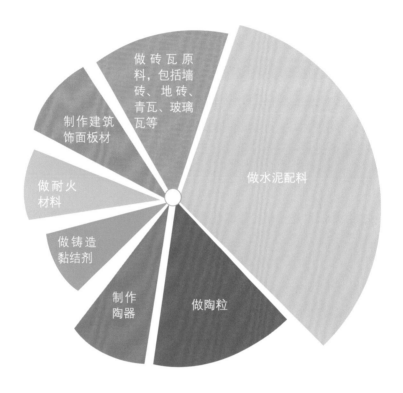

做砖瓦原料，包括墙砖、地砖、青瓦、玻璃瓦等

做水泥配料

制作建筑饰面板材

做耐火材料

做铸造黏结剂

制作陶器

做陶粒

粘土矿中最有名的是高岭土。它的主要成分为高岭石族矿物，其用途十分广泛，最常见的是烧制高档陶瓷，如日用陶瓷、艺术陶瓷、工业陶瓷、特种陶瓷、高温陶瓷等，还可以作为原子反应堆、飞机、火箭的耐高温涂料。

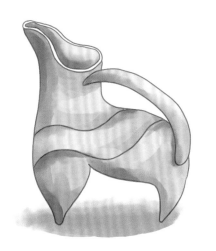

高白度的高岭土可作为造纸业的涂层剂，以增强纸张的白度，还可作为橡胶、塑料、油漆、颜料、化妆品、纺织等工业的填料，以增强制品的耐磨性、强度，甚至有的高岭土矿石还是珍贵的玉石，如青田石、鸡血石、寿山石等。

31

宁夏的粘土矿多吗？

宁夏开发利用粘土的历史可谓十分久远，海原、西吉、隆德、固原、彭阳5县出土了新石器时代的陶器，北朝时期、西夏时期的陶器及烧制作坊也有发现。此外，在宁夏境内，考古发现了多处西夏瓷器窑遗址，其中灵武磁窑堡窑、回民巷窑、石沟驿窑规模相对较大，这也是宁夏地区烧制瓷器的开端。目前，宁夏有20多家陶瓷生产企业，大部分在石嘴山市和中卫市。

新石器时期的陶器
（收藏于宁夏回族自治区博物馆）

大量古代磁窑的发现证明宁夏有丰富的粘土资源。宁夏共有粘土矿产地38处，其中水泥配料用矿产地12处，制陶粒粘土矿床5处，陶瓷土矿产地12处，耐火粘土矿产地7处，膨润土矿产地2处。

宁夏在1958年成立了第一家水泥企业，几十年来，为宁夏的发展生产了大量的建筑水泥。目前，宁夏共有27家水泥生产企业。

此外，根据史料记载，石嘴山耐火粘土矿床的工业开采利用始于1940年。1952年，大武口瓷厂迁至石嘴山市惠农区，恢复粘土开采，主要生产耐火材料和日用陶瓷、外销瓷、民族用瓷和炻瓷（介于陶与瓷之间，质地致密坚硬，与瓷相似，成品有水缸等）、电瓷等制品。

目前，宁夏的膨润土由地方企业小规模开采，主要作为石油钻井泥浆原料，更多的应用发现还在不断探索之中。

西夏时期的瓷瓶
（收藏于宁夏回族自治区博物馆）

什么是硅石？

硅石，顾名思义，就是含硅量高的岩石。硅石不是矿产的标准名称，它是脉石英、石英岩、石英砂岩等的统称，主要矿物成分是石英，化学性质很稳定，不溶于水、不与水反应，也不跟一般的酸起作用，耐火性极佳。

石英砂

石英砂粒和硅质岩屑含量大于90%的砂称为石英砂。石英砂粒及硅质岩屑的主要成分为二氧化硅。石英砂的形成年代距现在较近，固结性差，成分纯净

石英砂岩

砂岩中石英的含量大于90%，仅含少量的长石及其他岩屑、重矿物。石英砂岩的形成年代比石英砂更久，才能固结成岩

石英岩

石英含量大于85%的变质岩石称为石英岩。主要因石英砂岩或硅质岩经区域变质作用、成热接触变质作用而形成，岩石致密坚硬

脉石英

脉石英是一种几乎全部是致密石英块体组成的岩脉，由地壳岩层破碎带，或其他空间中富含的二氧化硅热液或水，被运移到地层或岩石孔洞、破碎带沉淀而形成

在一些化妆品，尤其是粉底和隔离产品中，成分列表中经常会看到硅石。因为硅石在化妆品、护肤品中，作为吸附剂、肤感调节剂，可以起到轻微遮瑕、增加皮肤光滑度的作用。

此外，光伏发电也会用到硅。光伏发电是利用半导体界面的光生伏特效应将光能直接转变为电能。这种技术的关键元件是太阳能电池，约80%的太阳能电池是晶体硅太阳能电池。因此，硅被认为是光伏发电的产能材料。

硅石还可用于制作玻璃原料、冶金熔剂、窑炉用硅砖，生产碳化硅、硅铁、含硅合金、硅铝和金、有机硅、制硅酸盐、水玻璃、硅胶、干燥剂、石油精炼催化剂、外墙涂料、马路画线漆、陶瓷配料等。

宁夏的硅石分布在哪里？

宁夏的硅石资源丰富，品种也比较齐全。全区探明硅石矿产地41处，查明硅石资源量245857.422万吨，其中结晶硅用脉石英矿以及冶金、玻璃用石英岩状砂岩，主要分布在贺兰山中段、北段的石嘴山市、银川市，以及中卫市香山地区。铸型砂、玻璃、水泥配料用石英砂主要分布在永宁县、青铜峡市、中卫市、盐池县、同心县和固原市。

宁夏硅石的形成历经十亿年时间。宁夏对硅石的利用始于20世纪后期，主要用于生产玻璃、硅铁、碳化硅等，如今已经发展到可利用硅石生产太阳能级结晶硅的阶段。

　　石英（SiO_2）是熔制玻璃的主要原料，在1700摄氏度以上的高温下可被熔化，用来制作玻璃。宁夏从1971年开始利用硅石生产玻璃，陆续建成了钢化玻璃厂、特种玻璃厂等。

　　硅石加焦炭和铁屑，通过加热，在高温下冶炼硅铁。硅铁产品为冶镁工业所必需。宁夏是我国第二大硅铁生产基地。

　　将硅石与焦炭混合，加入食盐和木屑，通过加热，经过各种化学工艺流程得到碳化硅微粉，可用作功能陶瓷、高级耐火材料及冶金原料等。我国碳化硅产量占世界总产量的60%以上，而宁夏又占全国产量的20%～30%。

　　宁夏石嘴山市贺兰山硅石矿集区，硅资源品质及产量居全国前列。2006年4月开始建立多晶硅生产基地，为下游产业提供可靠优质的多晶硅材料。正在筹建的100兆瓦太阳能发电站，将使石嘴山成为全国最大的太阳能电站之一。

35

石膏是什么？

说起石膏，大家首先想到的是什么呢？是美术课上的白色雕像，是骨折了医院固定肢体的"打石膏"，还是家里装修时用的石膏吊顶？

其实这些石膏材料都是用矿物石膏加工而成的。大自然中形成的天然石膏矿物有2种：化学成分为二水硫酸钙（$CaSO_4 \cdot 2H_2O$）的称为石膏，又称二水石膏。其晶体为板状，通常呈致密块状或纤维状，颜色一般为白色或灰色，也有部分为红色、褐色，有玻璃或丝绢光泽，摩氏硬度为2，密度为每立方厘米2.3克。另外一种是硬石膏，化学成分为无水硫酸钙（$CaSO_4$）。其晶体同样为板状，通常呈致密块状或粒状，一般为白色、灰白色，有玻璃光泽，摩氏硬度为3~3.5，密度为每立方厘米2.8~3.0克。2种石膏常伴生产出，在一定的地质作用下又可互相转化。

石膏晶体标本

36
石膏有什么用途？

1 在食品应用方面

　　在我国，石膏可以用作食品添加剂。根据我国食品添加剂使用卫生标准，石膏常作为凝固剂用于制作豆制品和生产罐头。在用于制造豆腐、豆浆时，石膏的加入量为每升2~14克，过量会产生苦味。此外，在生产番茄和马铃薯罐头时，硫酸钙可用作组织强化剂，对制作罐头产生帮助。

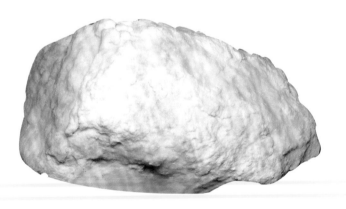

雪花石膏矿石

2 在工业应用方面

石膏的用途可以说是无人不知，无人不晓。它作为家居装饰材料，走进了无数家庭。石膏是生产石膏凝胶材料和石膏建筑制品的主要原料，常见用途有制造纸面石膏板、纤维石膏板、装饰石膏板、石膏空心条板等。此外，石膏还可作为制造硅酸盐水泥的缓凝剂。

3 在医学应用方面

石膏最被大家所熟知的，是可以帮助固定受伤的肢体。此外，石膏还有一定的解热作用。

37

石膏是怎样形成的？

石膏矿以沉积型矿床为主，主要为化学沉积作用的产物，常形成巨大的矿层或透镜体，赋存于石灰岩、红色页岩、砂岩、泥灰岩及粘土岩系中，常与硬石膏、岩盐等共生。硬石膏层在近地表部位，由于外部压力的减小，受地表水作用而转变为石膏。

宁夏的石膏矿床均属于蒸发沉积型，其中中卫贺家口子石膏矿床为陆相蒸发沉积型石膏矿床，中卫小红山石膏矿床为海相蒸发沉积型石膏矿床。

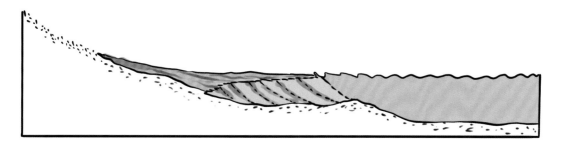

原始湖泊环境

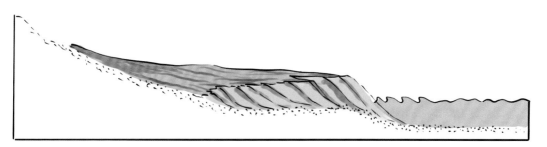

湖水蒸发

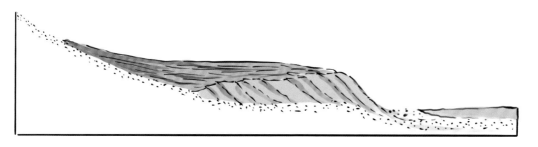

结晶形成石膏矿

石膏形成示意图

宁夏的石膏矿资源十分丰富，已探明的储量为24.6亿吨，预测储量为3000多亿吨，位居全国第三。主要分布于中卫市海原县东北部、中卫市西部和吴忠市盐池县中部南北一线。

宁夏最早对石膏矿进行规模化开采始于1958年，其中以中卫市小红山—甘塘石膏矿为主，以露天台阶式土法进行开采。该矿的石膏质地优良，多为Ⅰ级、Ⅱ级品，畅销全国，曾出口朝鲜、越南等国家。

1978年，宁夏建材研究所经过长期的试验研究，终于取得"蒸压法制取 α 型高强石膏粉"科研成果。1984年，在宁夏中卫建成一条年产6000吨的高强石膏粉生产线，填补了宁夏在这个领域的空白。1997年年底，宁夏建材研究所已陆续向国内9个省、市、自治区的26家企业转让了这项技术，年产量6000~30000吨。

中宁县贺家口子和盐池县渐新世石膏矿，目前占宁夏全区石膏资源的90%以上，是20世纪80年代后期开始勘探开采的矿床，其中盐池县渐新世石膏矿质量较好，开采条件优越。

其实不难理解，古人云"石之美者谓之玉"，意思是好看的石头就可以称之为玉。

什么是玉？

从广义上讲，具有一定的美观、耐久、稀有要素的天然岩石都可以称之为玉。

按照这个理论，宁夏是一定有玉石（彩石）的。宁夏的玉石资源中，最为有名的当属"宁夏五宝"之一的贺兰石了。除了贺兰石，宁夏还有竹叶石、朔花石、同心石、米脂玉、碧玉岩、石英岩等玉石品种。

米脂玉

竹叶石是一种特殊的灰岩。打磨后，可见大小不等的竹叶状花纹，属于碳酸盐质玉。朔花石、同心石、米脂玉皆为不同颜色图案的碳酸盐质玉，可作为观赏石供人们欣赏。

碧玉岩是宁夏最符合玉石标准的品种。其颜色为红色至深红色，偶尔可见绿色品种，打磨后，呈油脂光泽至玻璃光泽，属于石英岩质玉。此外，宁夏还有大量的石英岩矿物，其中质地细腻、颜色纯净、裂隙少的品种可打磨加工成首饰，都属于典型的石英岩质玉。

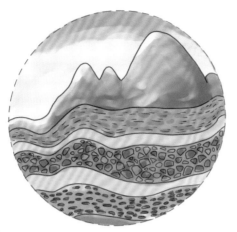

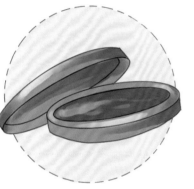

来到宁夏，一定听说过宁夏有"红、黄、蓝、白、黑"五宝，分别指的宁夏的枸杞、甘草、贺兰石、滩羊皮和太西煤。

"蓝宝"贺兰石在宁夏彩石领域可谓独树一帜，名满天下。贺兰石之所以深受海内外书法爱好者以及砚台爱好者的喜爱，离不开它得天独厚的矿物成分和岩石结构。

　　贺兰石是一种粉砂质板岩，主要矿物成分为水云母和绿泥石等粘土类矿物。此外，还含有少量的粉砂质石英，其中致密紧实、硬度较低的粘土矿物起到了易雕刻、不吸水、不损毫的作用，同时提供了相对丰富的色彩。

贺兰石

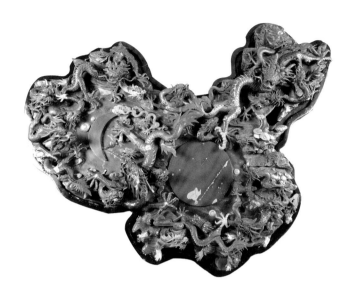

此外，石英颗粒的硬度较高，它们的存在使我们用贺兰砚研磨时更易于发墨。据研究表明，优质的贺兰石水云母和绿泥石的含量多在83％~96％，石英颗粒含量在10％左右，粒度0.004~0.03毫米。不多不少、不大不小的石英起到了关键作用。

贺兰石总体上呈紫色，俗称"紫底"，同时有少量绿色的花纹，俗称"绿彩"。这两种颜色的存在使雕刻艺术家有更多的发挥空间，让我们能够看到很多生动形象的雕刻作品。

贺兰砚

中医开的药中会有芒硝。这里的"芒硝"是矿物吗？是的，芒硝是自然界中含钠硫酸盐类化合物的总称，可以作为一味中药。

芒硝的矿物名字有点怪，是中国古人起的。这个名字和芒硝晶体的形状有关。芒硝的结晶体很多呈针状，像麦芒的芒；而硝（最早用"消"字），是因为它溶解性超强，放到水中很快溶解，因此叫芒硝（消）。而无水芒硝（硫酸钠），简单地理解就是芒硝失去了水分（结晶水）。当然，无水芒硝在一定条件下吸湿又会成为芒硝（含水硫酸钠）。

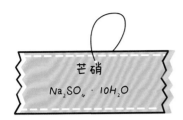

芒硝
Na₂SO₄ · 10H₂O

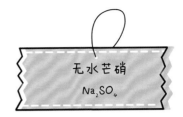

无水芒硝
Na₂SO₄

单斜晶系，晶体呈短柱状、针状或薄板状，集合体呈粒状、块状、纤维状，透明至半透明，一般为无色、白色、灰色、浅黄色等，略带涩味，硬度为1.5~2，密度为每立方厘米1.49克。

斜方晶系，晶体呈双锥状、柱状、板状，集合体呈粒状、块状，透明至半透明，一般为无色、灰白色、黄色、黄棕色等，味微咸，硬度为2.5~3，密度为每立方厘米2.66~2.68克。

芒硝针状结晶体

西瓜霜是西瓜结的霜吗？

口腔溃疡的时候，喷点西瓜霜，病情很快就会缓解。西瓜霜是西瓜结的霜吗？我们来看看民间是怎样制作西瓜霜的。将西瓜切一个口，把里面的瓜瓤、瓜子掏出来，把芒硝

（含水硫酸钠）填进去，再把那个口子封好，放在阴凉处。几天后，西瓜皮外面就会出现白色的结晶物质，这就是西瓜霜。其实就是填入的芒硝溶解后从瓜皮渗了出来。不过西瓜霜要有更好的功效，还需要配一些其他药物，但可以肯定的是，芒硝是主要成分。

芒硝的一些用途

 熟皮子，传统而又古老的制革工艺。芒硝是重要的助剂。

2 是化工业的原料，可制取硫酸钠、硫酸铵、硫化钠（硫化碱）、化学纤维、洗衣粉、硅酸钠、泡沫材料等。

在印刷行业，芒硝作为促染剂，既节省染料的用量，又增加染料的上色力，使染成品的色泽更加鲜艳。

4 在玻璃制造业，芒硝用于玻璃精炼（去气泡）。

有药用功能，芒硝入药，有泻热、通便、润燥的功效，如治疗口腔疾病的西瓜霜就是用芒硝制成的。

目前，宁夏共发现芒硝矿产地和矿点7处，主要分布在吴忠市和固原市境内。矿点6处，分别是盐池县花马池乡硝池子芒硝矿、盐池县海牛滩芒硝矿、盐池县马记沟乡井沟芒硝矿、红寺堡区大盐池芒硝矿、西吉县庙儿岔芒硝矿。大型矿床1处：固原市原州区硝口—上店子芒硝矿。

硝口—上店子大型芒硝矿位于固原市原州区中河乡。该矿床为芒硝与岩盐矿伴生存在。芒硝主要分布在岩盐层和部分夹石层中，厚度相对较小，但分布较广，多呈透镜状，硫酸钠（Na_2SO_4）含量局部已达工作品位，已查明的芒硝资源量为2.91亿吨，是蒸发沉积型矿床。

拓展知识

硝口—上店子大型芒硝矿成矿年代为早白垩世乃家河组沉积期晚期，矿层主要赋存于白垩系乃家河组中部地层。早白垩世晚期，受燕山末期运动影响，六盘山盆地收缩，其周围可能形成多个封闭或半封闭的山前湖盆，这为大量的芒硝层和岩盐层富集创造了地质构造条件。

而当期气候干旱炎热，降水量小，地表径流少，高密度的各类矿水向盆地回流并形成矿层沉积。随着芒硝类（包括岩盐类）物质不断沉积，地壳下沉，封闭构造或埋藏条件适宜时，就形成了完好的原始芒硝矿体。

城里的孩子去农村的爷爷家，发现一个很旧的小瓷罐，里面装有一粒粒像石子一样的白色晶体块。爸爸告诉他："这叫'大盐'，过去是家庭食用以及腌制咸菜用的。条件好的家庭用水将大盐溶解，把泥沙、杂质等过滤掉后，再次结晶制成精盐。条件差的家庭一般直接食用。"

岩盐

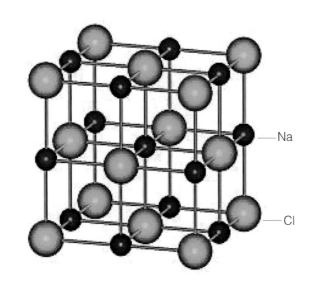

———Na

———Cl

岩盐分子结构

　　前文说的大盐也称为岩盐或石盐，也就是今天说的岩盐矿。它是远古的内海或盐湖，发生蒸发、沉积等地质作用而形成的埋藏于地下的固体矿物，化学成分主要是氯化钠（NaCl）。纯净的岩盐是无色透明的，若含有杂质，可能会变成黑色、黄色、红色或者灰色。岩盐是一种非常容易溶化在水里的物质，味道是咸的。晶体常呈立方体，集合体一般为粒状、致密块状，有时呈柱状、纤维状、毛发状、盐华状等，有玻璃光泽，有凉感，不导电。

盐是人类生活的必需品，衣食住行都离不开它，市场上供应量充足，价格便宜。但在古代，食盐却是非常珍贵的紧俏商品，有时一斤黄金才能换得一斤食盐，甚至有用盐直接作为货币的。自2000多年前汉武帝召开盐铁会议以来，历朝历代，盐一直由政府垄断经营，成为解决财政困境、弥补亏空的"战略物资"，贩卖私盐有被砍头的危险，所以盐的价格奇高。

现在，盐不仅是生活必需品，而且是化学工业的基本原料，同时在农业和其他工业中也有广泛的用途。

化工：盐酸、纯碱、烧碱都以盐为原料生产。

染色：在染色过程中，加入大量盐以提高染料上染率及固色率。

冶金：将钢轧制品浸入食盐溶液，可使其表面硬化并除去氧化膜。

机械：盐是非铁金属与合金铸造中型砂的优良黏合剂。

石油：钻井时，需要在泥浆中添加盐作为稳定剂；石油精制时，为除去汽油中的水雾，用盐做脱水剂；煤油精炼时，以盐作为过滤层，除去其中的混合杂物。

洗涤剂：在制造肥皂时，为保持溶液有合适的黏度，常常加入盐。

国防：造胶质炸药、枪炮、子弹、飞机、坦克、舰艇等需要以盐为原料的纯碱。

皮革：在制革过程中，裸皮必须泡在浸酸液中，加入盐可防止皮革发生肿胀。

造纸：制造、漂白纸浆以及做填充剂等，都要用硫酸钠、硫酸镁、氯化钠等盐制品。

融雪：冬天，在公路上撒工业盐，可除雪。

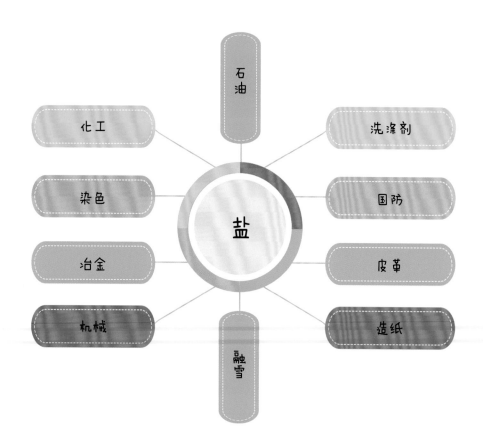

宁夏的盐矿分为2类，即岩盐和湖盐。截至目前，宁夏地区已探明的大型岩盐矿2处、小型湖盐矿产地3处。

大型岩盐矿床区为固原市原州区硝口—上店子和硝口—寺口子矿区。小型湖盐矿点为灵武市马家滩镇海子井湖盐矿、吴忠市盐池县惠安堡镇湖盐矿、中卫市海原县干盐池湖盐矿。

截至2018年，宁夏已探明的盐矿资源储量折算成100%的氯化钠（NaCl），是10.415亿吨，按照国际推荐标准，每人每天平均摄入6克食盐，可供全国人口食用340多年。

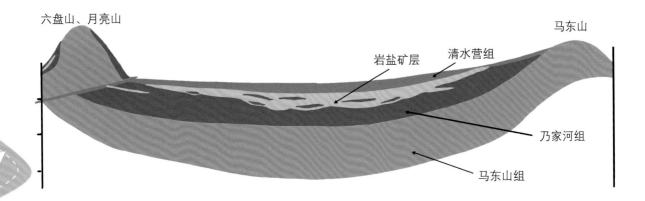

六盘山、月亮山

马东山

岩盐矿层　清水营组

乃家河组

马东山组

硝口地区岩盐矿赋存示意图

　　位于宁夏固原市原州区硝口地区的岩盐矿床，是早白垩世晚期六盘山湖盆收缩、湖水蒸发沉积形成后，经后期改造而形成的。岩盐矿含矿岩系为白垩系下统六盘山群乃家河组上段，厚度146.32～507.16米。

　　早白垩世晚期的乃家河期，硝口地区是六盘山湖盆的沉积中心之一。受气候炎热、湖盆萎缩的影响，湖水的氯化钠（NaCl）浓缩，在此沉积形成原生较厚的岩盐矿层。而位于硝口东北部的马东山地区，在乃家河组晚期，抬升隆起成水下高地，周边形成的饱和天然卤水长期流向更低的硝口地区。

　　早白垩世乃家河期沉积结束后，隆起的马东山地区早期沉积的岩盐层继续受到剥蚀，会向低洼的硝口地区迁移富集。因此，硝口地区厚层岩盐矿床是原生沉积以后，受后期地质作用影响，经历叠加富集而形成的。

拓展知识

　　天然卤水：含溶解盐的天然水。一般将含盐量大于5%、矿化度不小于每升50克的称为卤水。天然卤水按所含化学成分的不同，分为氯化物型、硫酸盐型和碳酸盐型3大类。

　　六盘山群：在早白垩世，宁夏六盘山地区为一个大型内陆盆地，期间形成的由紫红色碎屑岩、泥质岩、灰岩和膏岩等组成的山麓相—河流相—湖泊相沉积称为六盘山群。自下而上，可进一步划分为三桥组、和尚铺组、李洼峡组、马东山组和乃家河组。

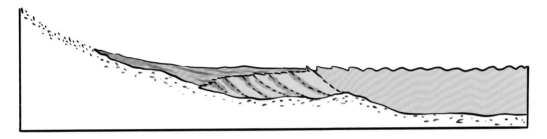

原始湖泊

湖水蒸发

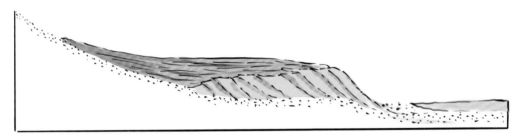

湖水持续蒸发，矿物析出

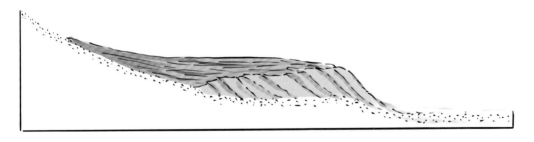

岩盐矿形成

岩盐矿形成示意图

　　"盐"字的本意是在器皿中煮卤。《说文解字》言："天生者称卤，煮成者叫盐。"在我国，有史料记载的、最早开发的井盐（岩盐）是战国末年的。《华阳国志·蜀志》称，李冰为蜀郡太守时，在广都（今四川省成都市双流区）凿井取盐。1835年，四川省自贡市燊海井凿成井深1001.42米，成为世界上第一口人工开凿的超千米深井。直至今日，用现代化钻探设备钻井千米也不容易。

四川省自贡市燊海井

简单地说，开采岩盐矿制成盐，就是将岩盐溶解、净化、提纯、蒸发结晶成盐。

第一步，由于盐矿都深埋在地下，因此要先钻井，到达盐矿的位置后，用管子往盐层注水，将岩盐溶解成卤水，再将卤水抽入制盐装置。

第二步，先对矿盐卤水进行净化处理，用化学方法，除去卤水中所含 的钙（Ca）、镁（Mg）、硫化氢（H_2S）及其他杂质，再蒸发结晶制盐。

我国的井矿盐制盐技术主要有2种：五效蒸发制盐和热泵压缩制盐。五效蒸发制盐主要采用锅炉蒸发卤水方式制盐，制盐的成本构成主要是煤。热泵压缩制盐主要采用热泵压缩蒸汽方式制盐，制盐的成本构成主要是电。

有时会听到媒体报道，有人误食"盐"引起中毒。
这个引起中毒的"盐"指的是亚硝酸盐类的盐。

由于亚硝酸盐进入体内后，会使人体内携氧的低铁血蛋白变成高铁血红蛋白。高铁血红蛋白一遇到氧，二者就牢固地结合起来，不易分离。这样就会造成人体全身组织缺氧，引起急性中毒。3克亚硝酸盐即可置人于死地。

亚硝酸盐和食用盐从理论上来说有一定区别，但在外观上，一般人肉眼是很难区分的。以亚硝酸钠（$NaNO_2$）为例，看看两者的区别：颜色方面，都呈白色，在特殊情况下，食用盐可能呈黄色或淡蓝色，亚硝酸钠可能呈淡黄色。形态方面，都呈晶体形态，当然，在显微镜下，两者的晶体是有一定区别的。性质方面，食用盐性质稳定，水溶液呈中性；亚硝酸钠在干燥条件下较为稳定，但能缓慢吸收氧而氧化成硝酸钠，水溶液呈碱性。结构方面，食用盐是较纯净的氯化钠（$NaCl$），相对分子质量是58.44；亚硝酸钠相对分子质量是68.98。

由于亚硝酸盐与食用盐相似，易被误当成食用盐。国家市场监督管理总局已于2019年2月发布《关于餐饮服务提供者禁用亚硝酸盐、加强醇基燃料管理的公告》，明确提出禁止餐饮服务提供者采购、贮存、使用亚硝酸盐（包括亚硝酸钠、亚硝酸钾），严防将亚硝酸盐当作食用盐用以加工食品。

专家提醒广大公众，若出现口唇、指甲，以及全身皮肤、黏膜紫绀等疑似亚硝酸盐中毒症状，应尽快到正规医院接受治疗。

最后还要提醒大家，为了自身的安全，一定要购买正规厂家生产、有安全标识的食用盐产品。

50

谁是宁夏金属矿产家族中的佼佼者？

要论宁夏金属矿产家族中的佼佼者，那非冶镁白云岩莫属。

我国的镁资源储量居世界首位，是镁资源、原镁生产和出口大国。

我国的镁资源主要分布在辽宁、山东、山西、宁夏等省区。

冶镁白云岩，你最棒

冶镁白云岩

宁夏的冶镁白云岩集中分布在青龙山、贺兰山中段和云雾山、炭山一带，储量居全国第三位，非常丰富。宁夏的冶镁白云岩品质佳，含镁高，有害成分（硅、钾、钠等）低，是皮江法冶镁的优质原料。

宁夏勘查、开发镁资源的历史可以追溯到20世纪80年代末期。当时，作为第一个吃螃蟹的勇敢者，宁夏地质研究所的一群老地质工作人员在同心县青龙山发现了优质冶镁白云岩，随后开始了白云岩冶炼金属镁的尝试，在同心建立了第一座冶镁厂，并成功生产出合格的产品。虽然由于种种原因，冶镁厂最后没能继续办下去，但宁夏的冶镁白云岩勘查及冶镁事业迎来了大发展时期。

目前，宁夏探明的冶镁白云岩矿产地12处，其中青龙山李家新庄一童家慢坡、清空山东道梁南段冶镁白云岩矿为大型矿产地。

宁夏不但冶镁白云岩储量丰富，而且冶镁业发达，居我国冶镁业前三强。宁夏有10多家国内外著名的冶镁企业，初步形成了以石嘴山、吴忠、中卫三市为主的镁产业基地。

同心县青龙山冶镁白云岩

51

镁光灯中发光的是镁吗？

在老电影里，拍照的场景是这样的：在摄影师按下相机快门的那一刹那，旁边有个装置发出闪耀的白光，还伴随着"砰"的爆炸声。其实啊，这个装置就是早期的相机闪光灯——镁光灯。

镁是一种轻质、有延展性的银白色金属，化学性质活泼，能与热水反应放出氢气。在空气中，镁粉燃烧能发出耀眼的白光，镁光灯就是利用了这个原理。

镁因其特殊的性质，在工业、国防及我们的日常生活中均有重要的用途。

镁在工业上可作为金属还原剂，用于生产钛、锆、铀等金属。镁在国防上可用于制造照明弹、燃烧弹。镁合金因轻质、高强度和美观等特性，广泛应用于汽车、飞机、火箭、宇航器以及船舰制造业。

镁也不仅仅出现在那些高大上的领域。镁肥能促使植物吸收利用磷，促进植物健康成长。镁还是制作烟花必需的原料。镁可谓"上得厅堂、下得厨房"，在我们生活的方方面面扮演着不可或缺的角色。

镁是怎样炼成的？

大家好，我是小镁。别看我现在光鲜亮丽，十八般武艺样样精通，不知多少年以前，我还只是大山深处的一块顽石，相貌平平，灰不溜秋，浑身布满了刀砍纹。整天游手好闲，没事就望着天空发呆，和身边的花花草草、小虫子聊天。阳光的暴晒，大雨的冲刷，风沙的磨砺，无时无刻不在剥蚀着我的身体，眼看我就要被消磨殆尽了，直到有一天，我被慧眼识宝的地质队员带出大山，修炼了"皮江大法"，才变成现在的样子。

皮江大法可让我吃了不少苦头呢！我先是被放到煅烧炉中煅烧为氧化物（CaO·MgO），然后被放入一个叫蒸馏缸的大罐子里。那里面温度特别高，有1150~1200摄氏度，我与硅铁（FeSi）反应，生成气体镁（Mg）。之后，还要再经过精炼、铸锭，才能成为现在人见人爱、皮肤细腻、身怀绝技的我。

虽然，这皮江大法让我受尽了"镁"间苦难，但想想齐天大圣孙悟空也是在太上老君的八卦炉内炼了整整七七四十九天，才炼就了"火眼金睛"的功夫。想到这里，我也就释然了。"若非一番寒彻骨，哪得梅花扑鼻香。"正因为这些历练，才让我脱胎换骨，成为了有用之才。

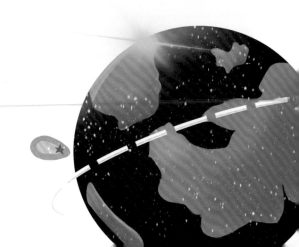

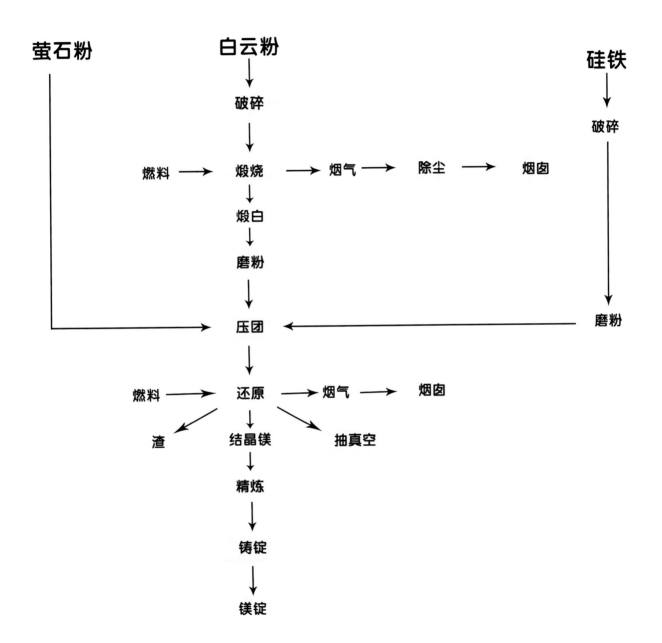

皮江法冶镁流程

　　能够找到具有开采价值的金矿，是宁夏地质人多年以来的夙愿。自20世纪60年代起，宁夏地质工作者就开始金矿的找矿工作，但所发现的金矿床（点）普遍规模较小，主要分布于贺兰山北段、西华山及卫宁北山。

　　金场子金矿是宁夏首个发现的具有工业价值的金矿，位于卫宁北山的单梁山中西段，是一个小型金矿床。1959年至1960年，宁夏地质局宁西地质队区测分队，在中宁一中卫地区开展区域地质测量工作时，在二人山重砂测量中发现2个含金点，之后又发现了15个含金重砂，这是该区域第一次在重砂中发现金。1967年，宁夏综合地质大队第三地质队在卫宁北山的二人山一金场子一带进行铁矿复查工

作，在金场子南北矿化破碎带中均发现了金，其中北矿化带较好。1976年，宁夏地质局区域地质调查队在中卫地区的重砂中发现了金。

中卫市卫宁北山金场子金矿石

20世纪六七十年代，该区域虽然多次发现了金矿的线索，但由于种种原因，并未开展正式的金矿地质勘查工作。80年代以后，宁夏地质矿产勘查开发局在此区域投入大量工作，对金矿地质特征、矿床成因等进行综合研究评价，提交了地质储量，还发现了伴生的银、铅、硫铁矿矿产及膨润土矿（为宁夏首次发现）。

几十年来，经过宁夏地质工作者兢兢业业、坚持不懈的努力，才取得了一些小小的突破，可见地质找矿工作任重而道远。

54

一说到黄金，大多数人的眼睛都会放光，脑海中立刻出现金戒指、金项链、金砖、金币等一连串金光闪闪的事物。

在古代，四大文明古国（古埃及、古印度、古巴比伦、中国）及其他一些文明无一例外地选择黄金作为崇拜物。在他们看来，拥有黄金就好比拥有至高无上的财富和权力。古埃及的历代法老

用黄金打造自己的宝座。中国君王用黄金、白玉做印玺。欧洲的国王手持黄金权杖，象征权力。他们死后，用黄金陪葬以显示自己的尊贵。埃及图坦卡蒙法老的黄金面具、中国汉代的金缕玉衣、四川金沙遗址的金面具等，都是珍贵的黄金文物。

到了现代，黄金作为硬通货，仍是各国货币储备的重要组成部分，也是现代货币体系的基础。人们佩戴黄金饰品，表达了对更加美好生活的追求。

除了货币和饰品，金还广泛地应用于陶瓷、口腔修复（镶牙）、制笔等方面。随着科学技术的发展，特别是高尖端技术的发展，黄金及其合金在电子、航天、化工、国防等工业中具有特殊用途，如横穿大西洋海底电缆的扩大器用金，以避免海水侵蚀，确保电话畅通；玻璃表面镀上一层小于1微米的金膜，可以使自然光最大限度地通过，并可阻挡过多的阳光辐射；金箔可用于治疗神经受损的烧伤、皮肤溃疡等。

55

铜是人类最早使用的金属原料之一。早在新石器时期，人类就开始使用红铜，就是我们现在所说的自然铜。到了现代，铜依然广泛地应用于各个领域，可制作电线、电缆、枪弹、炮弹、杀虫剂、除草剂等。

铜因在国民经济发展中的重要作用，一直是地质找矿的重要对象。宁夏铜矿勘查工作始于 20世纪60年代初，70年代有短暂的停滞，80年代主要开展区域成矿研究工作，90年代基本停顿，至21世纪，铜矿勘查工作恢复，主要集中在卫宁北山、香山、南西华山和六盘山等地。勘查工作主要以预查和普查为主。

宁夏铜矿资源相对贫乏，已发现铜矿产地11处，其中小型矿床3处、矿点8处，主要分布在宁夏中南部的香山—卫宁北山、六盘山。

宁夏中卫市腰岘子铜矿石

目前，中卫市香山腰岘子铜矿已开采利用。该矿于2005年由宁夏中卫市磊鑫矿业有限公司开采，主要开采氧化矿进行湿法冶炼。现在去宁夏地质博物馆参观，可以看到标有"宁夏第一块铜板"字样的铜金属板材展品，这件展品就是在腰岘子铜矿冶炼出来的。该铜板是宁夏现代自勘、自采、自选、自炼的第一块铜板。

宁夏第一块铜板

我国西北地区最古老的铜矿遗址在哪里？

中国西北地区最古老的铜矿遗址在宁夏。

怎么可能？宁夏"第一块铜板"是什么时候炼成的？怎么可能有最古老的铜矿遗址呢？

据考古专家考证，我国西北地区最古老的铜矿遗址就是位于宁夏中卫市照壁山的古铜矿遗址。

照壁山古铜矿遗址在考古界闻名遐迩。2006年，被国务院公布为"全国重点文物保护单位"。该遗址由古矿洞、居住遗址和冶炼遗址3部分组成，在方圆约1平方千米的范围内，有古矿洞27个。矿洞有3种形成的入口：竖井式、斜坡式、平行坑道式。除了发现汉代陶器残片及宋元瓷器残片外，还在矿洞内出土过白釉斜壁碗、瓷灯、汉代博山陶炉、钱币及其他陶器。

照壁山的古铜矿可能在春秋战国时期就已被开采，西汉时期就已形成较大规模，西夏、元代亦持续开采、冶炼，这在我国西北地区极为少见，为研究我国古铜矿及西北地区青铜文明的产生与发展提供了珍贵的实物资料。

中卫市照壁山古铜矿遗址矿洞

宁夏铁矿资源丰富吗？

　　铁是钢铁工业的基本原料，广泛应用于国民经济的各个部门和人们日常生活的各个方面。铁矿石可冶炼成生铁、熟铁、铁合金、碳素钢、合金钢、特种钢等。纯磁铁矿可做合成氨的催化剂。赤铁矿、镜铁矿、褐铁矿还是天然的矿物颜料。

　　宁夏铁矿资源相对贫瘠，目前，尚未发现大中型铁矿产地。宁夏全区共发现铁矿床（矿点）34处，其中小型矿床 7 处、矿点 27 处，集中分布在卫宁北山、香山和贺兰山一带。宁夏铁矿矿床规模都很小，没有发现中型以上规模的矿床。近年新发现的中卫市中宁县茶梁子铁（钴）矿，为宁夏已知的规模最大的铁矿床。

宁夏卫宁北山铁矿石

要论金属矿产家族中最亲密的两兄弟，要数铅和锌了。

铅和锌，听起来比较陌生，但它们是自然界中常见的金属元素。虽然在元素周期表中，它们不属于同一个族，但是在自然界中，往往共存于同一矿床，紧密共生，就像两兄弟一样。

铅因为具有抗酸、碱腐蚀的性能，用途广泛。最主要的用途是制造铅酸蓄电池，主要用于汽车工业，占全国总消费量的60%。此外，在化学和冶金工业中，铅常用于制作管件和设备的防腐内衬；在原子能工业中，铅可以用来制作防辐射外罩；在国防工业中，铅用来制造弹头；在电气工业中，铅用来制作电缆包皮和熔断保险丝。

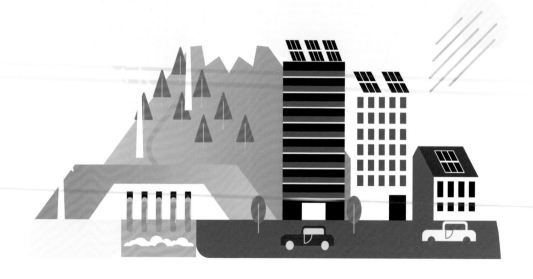

锌易与多种金属制成合金。因此，锌可用于制造黄铜、白铜、青铜等。在潮湿的空气中，锌表面易形成致密的碳酸锌（$ZnCO_3$）和氢氧化锌 [$Zn(OH)_2$] 薄膜，从而保护内部的锌金属不再被氧化，所以锌的另外一个用途是用来镀锌，以防止金属被腐蚀。

固原铅洞山铅锌矿石

　　宁夏的铅锌矿资源比较贫瘠。铅锌矿勘查工作始于20世纪50年代末，经过多年的地质找矿工作，发现了一些铅锌矿（床）点、矿化点，但始终没有突破性进展。目前，共发现铅锌矿产地4处，分布在六盘山泾源县杨岭、中卫市卫宁北山二人山、贺兰山北段的惠农区红山及大武口陶斯沟。

59

地下水是取之不尽、用之不竭的吗？

地下水是指地表以下的岩石孔隙中或土层里的水。地下水几乎遍及整个大陆，即便是干旱的戈壁沙漠地区，也含有地下水。按照地下水的埋藏条件，可将其分为上层滞水、潜水和承压水。

水循环示意图

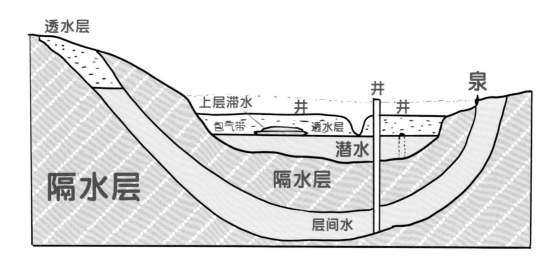

地下水分布示意图

　　包气带内局部隔水层积聚下渗的重力水，形成局部饱水带，称为上层滞水。其范围和水量均十分有限。

　　潜水分布于地下第一个区域性隔水层之上的透水层中，是地下水最常见的形式。潜水既可以分布在松散的岩石中，又可以分布在充满孔隙或裂隙的岩石中。潜水的补给方式主要为大气降水或地下水潜流。

　　承压水也称层间水，是充满两个隔水层中间透水层的地下水，分布范围广，埋藏较深。

拓展知识

　　包气带：从地表到地下稳定自由水面之间的地带，岩石与土体中的空隙没有完全被水充满，其中有许多与大气连通的气体。

　　饱水带：自由水面之下的地带，岩石与土体中的空隙全部被液态水充满。

　　隔水层：起着阻隔水透过作用的颗粒细小的岩层。

我们经常会看到一些关于城市地面塌陷的新闻报道。那么城市地面为什么会塌陷？过度抽取地下水是其中一个重要原因。通常，城市建设时抽取的地下水是潜水，潜水主要靠地表水来补给。城市建设使大量农业用地变为建设用地，加大了城市不透水地面面积，减少了地下水补给来源。因此过度开采地下水会造成地下水水位严重下降，水位下降造成的空隙很难在短时间内得到恢复，进而使上覆地层的重量直接作用于含水岩层，导致地面下陷。

地球上的水是循环往复的，地下水是水循环中的一个组成部分。我们开采地表水或地下水，本质上是没有区别的，对环境和生态都会产生影响，只是表现形式不同。所以，地下水不是取之不尽、用之不竭的，应该合理开发使用。

宁夏的地下水资源总量少、空间分布不均匀、水质差、淡水资源短缺。宁夏地下水天然资源总量为每年26.57亿立方米，居全国第二十九位，人均占有量仅为每年480立方米，是国际标准生存线数值的48.9%。宁夏地下水资源开发利用程度较低且不均衡，主要用于工业用水和生活用水，农业用水及其他用水只占一小部分。

矿泉水是指从地下深处自然涌出的，或通过钻井采集的，含有一定量的矿物质、微量元素或其他成分，在一定区域未受污染并采取预防措施避免污染的水。它的化学成分、流量、水温等动态指标在天然周期波动范围内相对稳定。

根据矿泉水的定义可知并不是所有我们能够看到的山泉都是矿泉水。真正的天然饮用矿泉水不仅要满足颜色、浑浊度、气味等感官要求，而且必须满足上述定义中提及的所有条件才可称为矿泉水。其中，矿物质一般指的是对人体有益的锂、锶、锌、硒等元素。那么是不是这些元素含量越高越好呢？当然不是，国家在2018年发布的饮用天然矿泉水标准中，对这些矿物元素给出了明确的界限、限量指标。

宁夏的饮用天然矿泉水资源丰富，现已探明的水源地有12处，可开采资源量为每天7178立方米，可年产饮用天然矿泉水260万吨。矿泉水类型主要为淡质低矿化水，均为含锶饮用天然矿泉水。

饮用含锶矿泉水不仅可以补充人体水分，而且对人体骨骼发育和治疗心血管疾病也大有益处。